安全乘梯一家人

王黎斌　汪　宏　李伟忠　周　东　邓丽芬　许　冠　王陆嘉　周俊坚
朱俊超　王启洲　吴　斌　周原冰　吴琳琳　著

机械工业出版社
CHINA MACHINE PRESS

《安全乘梯一家人》通过清晰精美的图片和简洁的文字，分8章讲述了30余个乘用自动扶梯、电梯的知识，其中第1章至第4章描述了自动扶梯的安全乘梯知识要点；第5章至第8章描述了电梯的安全乘梯知识要点。书中对家庭人物的特征设定和形象的夸张表现，有利于有效地将安全乘梯教育与实际生活相结合，使乘梯安全知识普及取得更好的效果。

　　本书既可作为少儿安全乘用自动扶梯、电梯的科普读物，也可作为中小学进行安全乘梯教育的教材，还可作为社区安全乘梯的科普宣传资料。

图书在版编目（CIP）数据

安全乘梯一家人 / 王黎斌等著. -- 北京 ：机械工业出版社，2024. 11. -- ISBN 978-7-111-77078-7

Ⅰ. X956-49

中国国家版本馆CIP数据核字第2024Q065F4号

机械工业出版社（北京市百万庄大街22号　邮政编码 100037）

策划编辑：孔　劲　　　　　责任编辑：孔　劲
责任校对：梁　静　陈　越　　责任印制：常天培

北京宝隆世纪印刷有限公司印刷

2024年12月第1版第1次印刷

230mm×140mm • 2.625印张 • 37千字

标准书号：ISBN 978-7-111-77078-7

定价：39.00元

电话服务　　　　　　　　　　　网络服务

客服电话：010-88361066　　　　机 工 官 网：www.cmpbook.com

　　　　　010-88379833　　　　机 工 官 博：weibo.com/cmp1952

　　　　　010-68326294　　　　金 书 网：www.golden-book.com

封底无防伪标均为盗版　　　　机工教育服务网：www.cmpedu.com

前 言

　　杭州市特种设备应急处置中心始建于2010年8月，是全国首家集应急处置、事故调查、咨询服务于一体的特种设备综合平台。中心开通了国内首条电梯应急救援专线电话"96333"，率先开创了三级救援机制，搭建了全国首个以38家救援分中心、268个社会救援站点为基础的24小时电梯应急救援平台。中心首创了具备数字化全时在线防控救援能力的电梯智慧监管体系，运用人工智能与物联网技术对数据进行标准化整合与智能化应用，为电梯隐患治理和监管创新提供了强有力的技术支撑与能力保障。

　　《安全乘梯一家人》针对自动扶梯、电梯的30多个安全乘梯知识要点进行了架构创新和悉心制作，使安全乘梯教育与生活实际自然结合。故事讲述了小男孩"喔喔"和他的家人，在"智慧电梯博士"的帮助下，一次又一次避免了乘梯风险，最终全面掌握了安全乘梯的各项知识要点，"喔喔"更是成为拥有丰富安全乘梯知识和强烈正义感的"安全乘梯小博士"。

目　录

第一章 扶手带上的"电梯超人"

错误行为
请勿模仿

错误行为
请勿模仿

扶手带就像一列"火车"，
穿越出入口时就像进出"隧道"。
如果跨骑在扶手带上，
能否把我自动驮下楼？

错误行为
请勿模仿

喔喔，自动扶梯不是玩具，这不是你化身"超人"的地方，赶紧回到父母身边。

跨骑扶手带易发生翻落，
会造成严重的伤害！

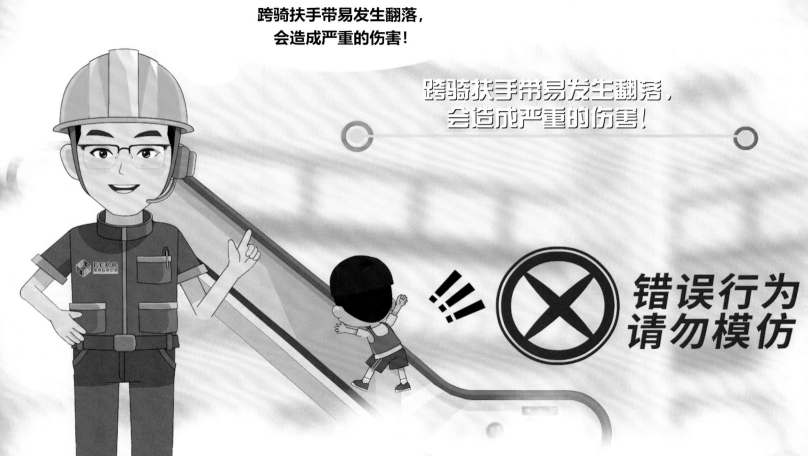

跨骑扶手带易发生翻落，
会造成严重的伤害！

错误行为
请勿模仿

不要跨骑、攀爬扶手带

不要把玩扶手带

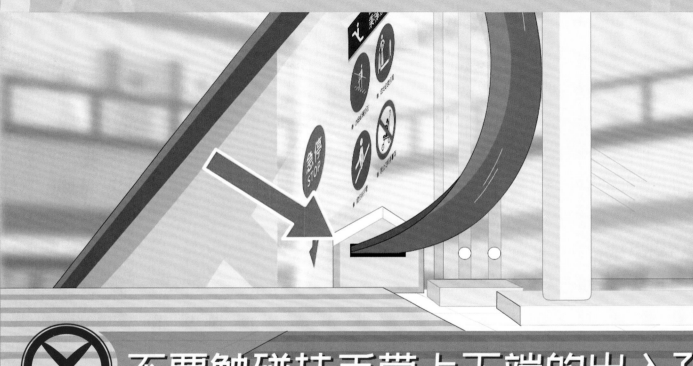

 不要触碰扶手带上下端的出入孔

紧急情况
EMERG

注意远离踏板边缘

急停按钮

若发生紧急情况，先按下红色急停按钮，让自动扶梯停止运行；而后拨打96333或其他救援电话，等待救援，切勿盲目自救。

急停STOP

急停STOP

禁止通

14

第二章　别让扶梯"夹"住我

17

装配间隙

急停 STOP

梯级和围裙板之间

围裙板

梯级与梯级之间

拐杖/雨伞的尖头

软体鞋

长裙摆

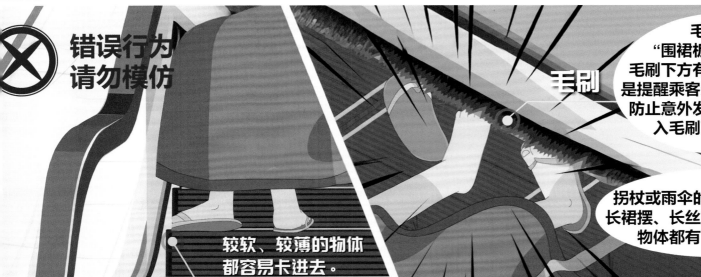

错误行为请勿模仿

毛刷

较软、较薄的物体都容易卡进去。

毛刷,又叫"围裙板防夹装置",毛刷下方有缝隙,它的作用是提醒乘客远离扶梯的缝隙,防止意外发生。切忌把脚伸入毛刷下方缝隙中。

拐杖或雨伞的尖头,软体鞋、长裙摆、长丝带等较软、较薄的物体都有可能卡进去。

19

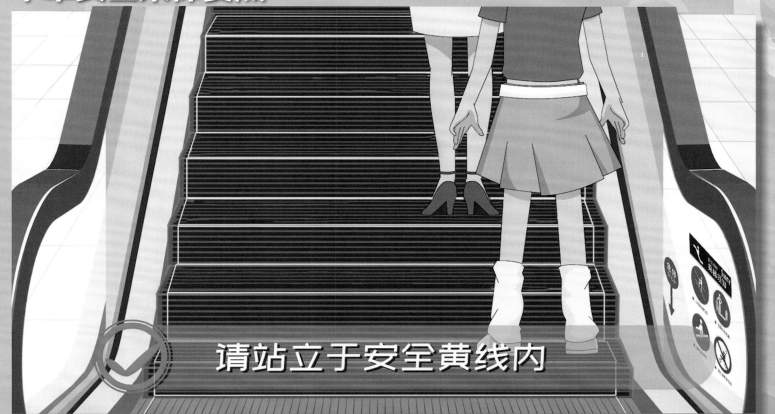

请站立于安全黄线内

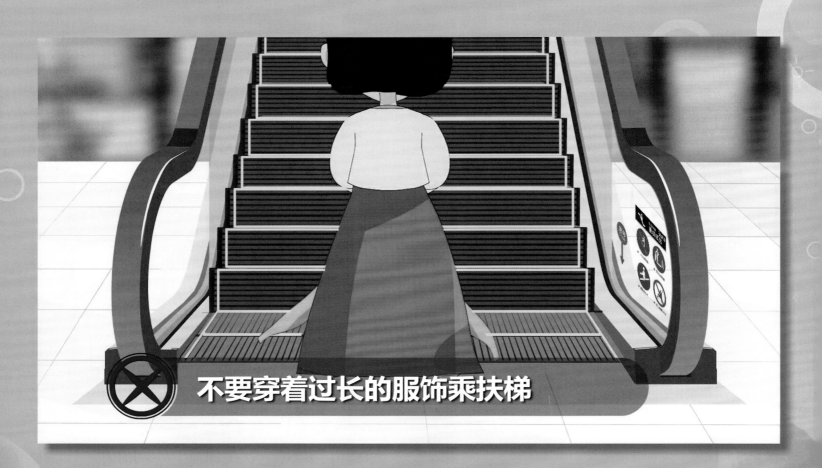

不要穿着过长的服饰乘扶梯

22

不要赤脚或穿软体鞋乘扶梯

拐杖

雨伞

应防止拐杖、雨伞的尖头部分卡入梯级边缘、齿槽等缝隙中

第三章 "动感飞车"上不去

错误行为
请勿模仿

27

购物车的轮子上
带有轮槽和刹车片

购物车适用于自动人行道和电梯。购物车的轮子上带有轮槽和刹车片，当购物车驶入自动人行道时，轮槽就会与踏面齿槽相啮合，刹车片就会发挥作用，将购物车牢牢地固定在自动人行道上。

轮槽就会与自动人行道的踏面齿槽相啮合。

将购物车牢牢地固定在自动人行道上。

31

本章安全乘梯要点

不要将购物车驶入自动扶梯

不要带过大、过重的物体乘自动扶梯

重物

购物车适用于自动人行道和电梯

自动人行道

电梯

34

第四章 "逆行者"的烦恼

37

38

本章安全乘梯要点

儿童须在成人的陪同下乘自动扶梯

牵着

并排站立

儿童要在成人的陪同下乘自动扶梯，成人要牵着儿童，让儿童和自己并排站立。

不要在自动扶梯上步行、奔跑、跳跃、逆行

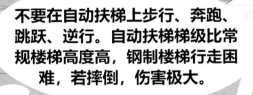

不要在自动扶梯上步行、奔跑、跳跃、逆行。自动扶梯梯级比常规楼梯高度高，钢制楼梯行走困难，若摔倒，伤害极大。

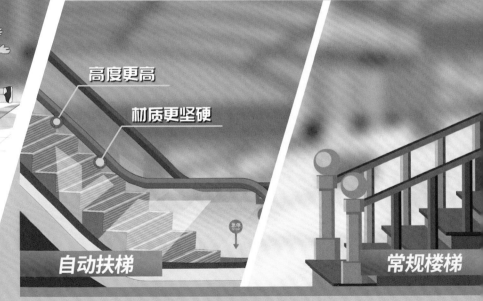

高度更高

材质更坚硬

自动扶梯

常规楼梯

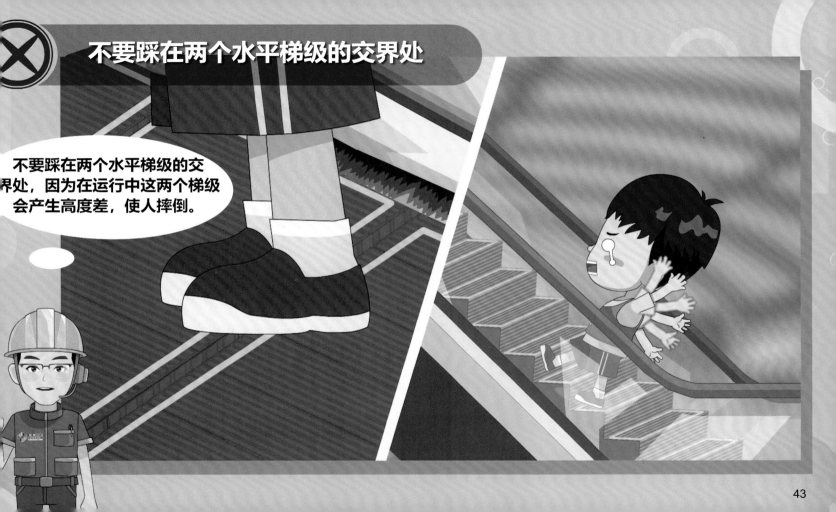

不要将头、手、物品伸至扶手带外侧

不要将头、手、物品伸至扶手带外侧，否则容易被紧挨扶梯的建筑结构撞伤、夹伤，甚至造成剪切事故。

第五章 请让电梯门"正常"关闭

请不要阻挡电梯门的正常关闭。正确的做法是：按压电梯的召唤按钮、请轿厢内的人帮忙按开门键或等待下一班电梯。

正确做法是

正确做法是

48

光幕

电梯的厅门与轿门中间有一个安全保护装置，叫作"光幕"，当有物体阻挡时，光幕能够感应到，从而使电梯门再次开启；但如果当玻璃等透明物体或狗绳等过于细小的物品位于电梯门中间时，光幕可能感应不到它们的存在，这时安全保护装置就会失效。

狗 绳

玻 璃

5厘米

当电梯关门至最后5厘米时，该安全保护装置也将失效，此时若用手阻拦，电梯门将继续关闭使电梯运行，从而会造成人身伤害。

错误行为
请勿模仿

不要用身体及任何物品去阻挡电梯门的关闭

本章安全乘梯要点

带小孩乘电梯时，监护人应当用手拉紧或抱住小孩

带宠物乘电梯时，要抓紧牵引绳或将宠物抱在怀中

不要让宠物和人分别站在轿厢内和候梯厅

52

第六章　被困电梯怎么办（上）

被困电梯，要保持镇静，应第一时间按下警铃按钮，向电梯管理单位告知情况，或拨打96333电梯应急救援专线电话，以及电梯内张贴的应急救援电话，等待救援，不要采取盲目的自救措施。

警铃按钮

96333

1	2 ABC	3 DEF
4 GHI	5 JKL	6 MNO
7 PQRS	8 TUV	9 WXYZ
＊	0	＃

杭州市特种设备应急处置中心打造的智慧救援系统发挥了作用，该系统实现了自动报警、智能派单、就近救援、智能安抚、优选路线和路径显示等应急救援流程和服务的线上可视化。

57

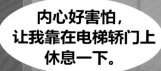

内心好害怕，让我靠在电梯轿门上休息一下。

不要倚靠、拍打、脚踢电梯门。

错误行为请勿模仿

滑块装置

还可能造成人或物跌落入井道的危险。

电梯门扇下端为滑块装置，受到外力压迫后，容易发生变形、脱落等新故障。

被困电梯应第一时间按下警铃按钮，
并拨打96333或电梯内张贴的应急救援电话

本章安全乘梯要点

不要用尖锐物敲打按钮

不要反复按压按钮

不要倚靠、拍打、脚踢电梯门

第七章　被困电梯怎么办（下）

64

扒开电梯门试试，说不定可以实现自救。

错误行为请勿模仿

不要扒门！扒门是一种盲目的自救行为。电梯厅门、轿门是隔断乘客与井道的安全屏障，乘客误以为扒开门后就是楼层出口，但外面也可能是井道壁；扒开厅门、轿门可能会导致坠入井道的危险事故发生，所以被困乘客切记不要扒门、撬门。电梯轿厢不是密闭空间，不会导致窒息，拨打救援电话后，请耐心等待专业人员救援。

不要在轿厢里蹦跳、打闹

本章安全乘梯要点

68

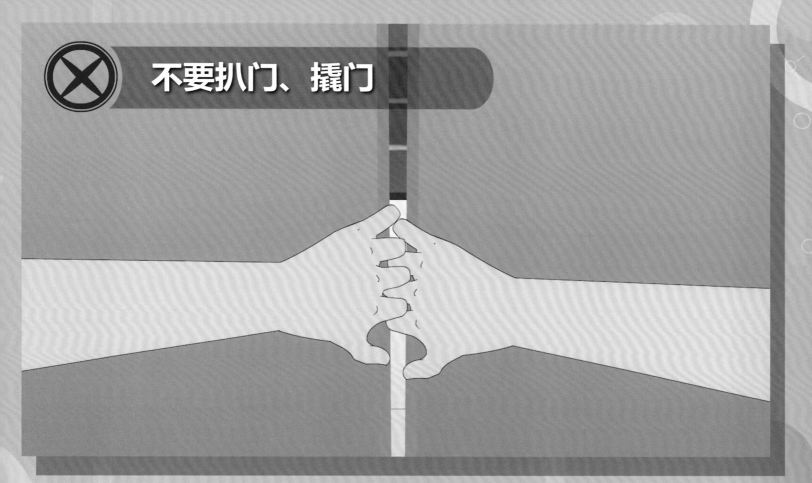

不要扒门、撬门

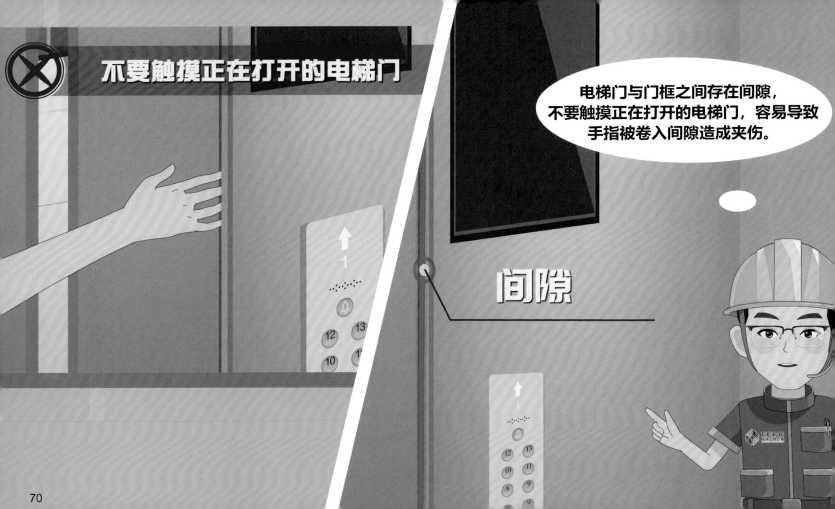

不要触摸正在打开的电梯门

电梯门与门框之间存在间隙，不要触摸正在打开的电梯门，容易导致手指被卷入间隙造成夹伤。

间隙

电梯门打开后，乘客要确认轿厢地面与楼层地面齐平后再走出去，以免绊倒或跌落

电梯门打开后，乘客要确认轿厢地面与楼层地面齐平后再走出去，以免绊倒或跌落。

错误行为
请勿模仿

71

第八章　来自智慧电梯博士的"考验"

在梦中，喔喔身穿智慧电梯博士的服装，驾着筋斗云在城市各楼宇和观光扶梯间飞翔。

76

77

不要将果皮、杂物丢在轿厢内或厅门、轿门的地坎里

不得用乘客电梯运载电动自行车